航空发动机数智化科普系列丛书

图解航空发动机数字孪生

肖 洪 史经纬 王栋欢 张晓博 著

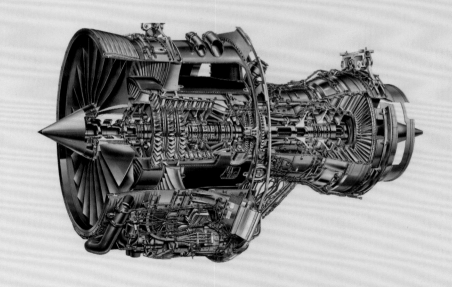

西北工业大学出版社

西 安

【内容简介】　　本书为西北工业大学航空发动机总体与控制数智技术工业和信息化部重点实验室在数字孪生领域研究进展的科普性介绍，试图以简明扼要的图片形式介绍数字孪生在航空发动机领域的工程案例、技术路径和智能前沿的最新研究成果。本书介绍了航空发动机数字化试验、数字孪生小模型、数字孪生大模型和智能网络等关键技术，包括数字化试验程序、数字孪生模型构建训练与验证、智能算法与航空发动机数据结合的关键要素等技术进展。

本书可作为高等院校高年级本科生和研究生的科普性读物，也可作为工程技术人员了解数字孪生的科普性用书。

图书在版编目（CIP）数据

图解航空发动机数字孪生/肖洪等著. —西安：
西北工业大学出版社，2023.7
（航空发动机数智化科普系列丛书）
ISBN 978-7-5612-8827-6

Ⅰ.①图…　Ⅱ.①肖…　Ⅲ.①数字技术–应用–航空发动机　Ⅳ.①V23

中国国家版本馆CIP数据核字（2023）第123864号

TUJIE HANGKONG FADONGJI SHUZI LUANSHENG

图 解 航 空 发 动 机 数 字 孪 生

肖洪　　史经纬　　王栋欢　　张晓博　　著

责任编辑：朱辰浩　　　　　　　　策划编辑：何格夫
责任校对：孙　倩　　　　　　　　装帧设计：李　飞
出版发行：西北工业大学出版社
通信地址：西安市友谊西路 127 号　　邮编：710072
电　　话：（029）88491757，88493844
网　　址：www.nwpup.com
印 刷 者：西安浩轩印务有限公司
开　　本：889 mm×1 194 mm　　1/16
印　　张：3.75
字　　数：86 千字
版　　次：2023 年 7 月第 1 版　　2023 年 7 月第 1 次印刷
书　　号：ISBN 978-7-5612-8827-6
定　　价：80.00 元

序言 —

航空发动机数智化科普系列丛书共分为六册，《图解航空发动机数字孪生》是该系列丛书的第一册。数字工程是一种集成多学科和智能技术的数字化方法，其核心是构建智能架构、运用数字主线，基于研发、测试、制造和运行等过程中的数据，采用智能方法进行数字孪生模型的构造与训练，进而支撑装备全寿命周期从方案设计直至退役处置的所有工程和管理活动。基于数字工程技术可以开展数字试验、健康管理、数字维护、险情预警、延期服役、反向设计、智能控制、流程优化和优选优配等诸多工作，进而缩短研发周期、降低试验成本、提升装备安全并实现精准快速维护等。近年来，各大国在多因素驱动下全力推动了数字工程技术的发展和应用，已形成了清晰的战略目标，引发了一系列变革。数字主线和数字孪生是数字工程的核心技术，前者强调数据的互联互通，后者强调数据之间复杂的映射关系。数字孪生完全不同于传统的根据物理现象进行数学建模的思路，其将物理知识融入智能架构，通过有限数据发现物理规律，特别是在现行规则无法解决或者难以解决的问题上具有巨大优势。

航空发动机数字孪生模型根据应用对象的不同，又分为数字孪生小模型和数字孪生大模型。数字孪生小模型主要应用于科研数学化试验、破坏性故障数字化试验、智能控制、数字维护、险情预警、延期服役，其时间维度主要应用于初步设计方案后。数字孪生大模型类似于ChatGPT大模型，其根据历史型号数据推测新的设计方案并快速给出其性能，例如根据遄达900、RB211、珍珠15、CFM56系列发动机设计、试验数据，第一步可以快速预测珍珠10X发动机性能以改进其发动机设计，第二步根据上述发动机的历史数据给出新的候选设计方案。数字孪生第二步的宏伟目标也契合了2018年美军数字化工程的宏伟战略，即"明天给出85%的方案比5年后给出100%的方案更为重要"。

本书将以图片解说的形式分别给出数字孪生小模型和大模型在航空发动机领

域中的典型应用案例，并阐述其关键技术及攻关途径。本书的初衷是以简明扼要的形式给出航空发动机数字孪生的基本概念，其目的在于抛砖引玉，希望引起对航空发动机数字孪生理念的百家争鸣。

本书的撰写分工如下：肖洪负责各类技术方案和全书文字撰写，史经纬负责全书绘图，王栋欢负责提供全书所有需求的数据，张晓博负责全书数据的校核分析。

在本书的撰写过程中，笔者得到了中国人民解放军第五七一九工厂、中国航发动力股份有限公司、中国航发四川燃气涡轮研究院、中国航发沈阳发动机研究所、中国航发湖南动力机械研究所等多家单位的指导和帮助，在此表示诚挚的谢意。

笔者深信书中的很多观点也仅仅是一家之言，难免会出现不妥之处甚至理解的重大偏差，恳请广大读者批评指正。

肖　洪

2023年4月于西北工业大学

目录

数字孪生智能网络 **037**

数字孪生的基本概念

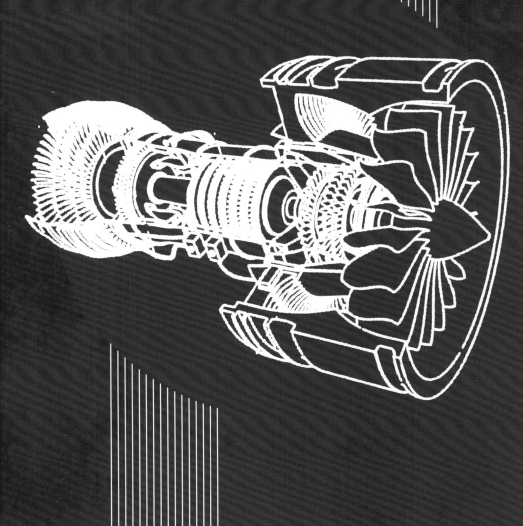

1.1 数字主线、数字孪生与虚拟现实的区别

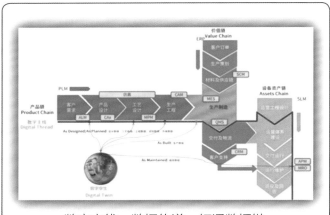

数字主线：数据传递、打通数据链

数字孪生：数据关联、把数据用起来

虚拟现实：数据形象化、数据沉浸感

图1-1 数字主线、数字孪生与虚拟现实的区别

数字工程

数字主线和数字孪生是数字工程的核心内容[1-2]，前者强调数据的互联互通，后者强调数据之间复杂的映射关系；虚拟现实是使得数据具备形象化沉浸感[3]。数字主线、数字孪生和虚拟现实三者之间具有较为明显的区别（见图1-1），但是后两者依旧容易被人们混淆。

1.2 数字孪生与仿真、建模的区别

图1-2所示为数字孪生引发的技术变革。

❶ 不采用仿真

❷ 不采用传统建模

❸ 不采用纯数据驱动

能否**高效**解决现行规则无法解决或者难以解决的工程问题？

例如：

1.不采用仿真	2.不采用传统建模	3.不采用纯数据驱动

1.设计完成 ➡ 直接数字化试验验证性能（设计参数与性能）

2. 配完成 ➡ 直接数字化试验验证性能（装配参数与性能）

3.学习ChatGPT：GE90、遄达 XWB、GE9X等 ➡ CFM56

4.破坏性故障试验先在数字化空间进行

图1-2　数字孪生引发的技术变革

1.3 数字孪生小模型与大模型的概念

　　航空发动机数字孪生按照用途又分为数字孪生小模型和数字孪生大模型（见图1-3）。数字孪生小模型主要应用于航空发动机设计方案已经基本确定后的科研数学化试验、破坏性故障数字化试验、智能控制，以及航空发动机服役后的险情预警、健康管理、数字维护和延期服役等。数字孪生大模型和ChatGPT核心模型类似[4]，其强调不同领域知识的汇聚、迁移与转换，例如，根据遄达900、RB211、珍珠15、CFM56系列发动机设计、试验数据，第一步可以快速预测珍珠10X发动机性能以改进其发动机设计，第二步根据上述发动机历史数据给出新的候选设计方案[5]。

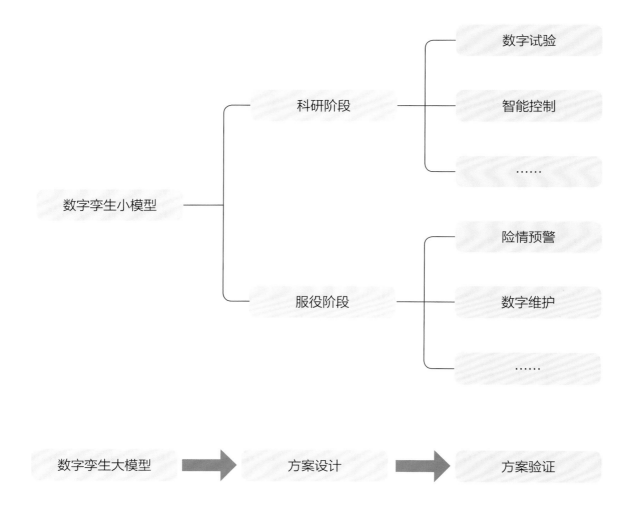

图1-3　数字孪生小模型与大模型

1.4 数字孪生与数字化试验

无论是数字孪生小模型应用还是数字孪生大模型应用，数字化试验均扮演着举足轻重的角色。其核心理念是应用具备"物理规则运行、性能紧密跟踪、动态极速响应"的数字孪生模型平台，尽可能使得试验特别是破坏性试验在数字空间进行（见图1-4），大幅度节省人力、物力和财力，从而在研发阶段加速研发设计进程，在服役阶段实现数字化快速精准保障和维护[6-8]。

图1-4 以数字孪生为基础的数字化试验：试验特别是破坏性试验尽可能在数字空间进行[9]

完整的数字孪生模型包括几何结构、物理构造、运行机理、物理规律和性能演化等五个维度从物理空间到数字空间的一一映射[10-11]。在初级使用阶段，完整的数字孪生体建立较为困难，人们一般可以先考虑运行机理、物理规律和性能演化三个维度的映射关系，再逐步过渡到五维度的数字孪生建立。考虑运行机理、物理规律和性能演化的数字孪生模型有时候被称为"面向性能的数字孪生模型"（见图1-5）或"性能数字孪生模型"，即便如此，具备"物理规则运行、性能紧密跟踪、动态极速响应"的此类模型也会在众多领域发挥极其重要的作用，甚至会带来革命性的影响和变化[12-13]。

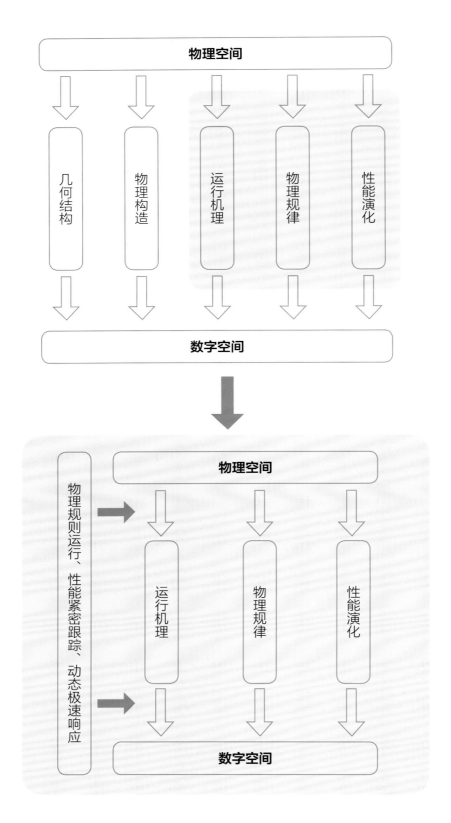

图1-5 面向性能的数字孪生模型

航空发动机数字孪生小模型

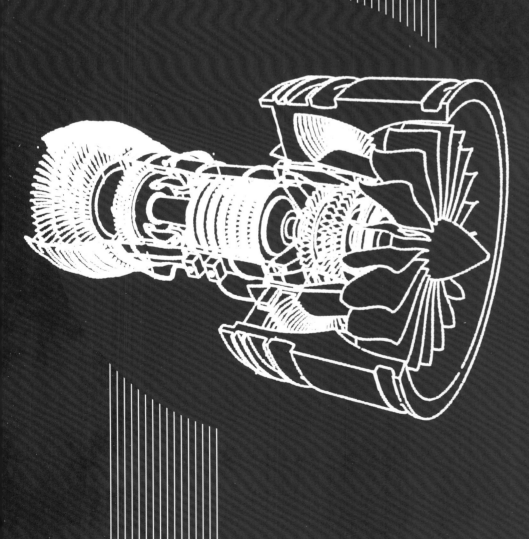

航空发动机数字孪生小模型应用案例

2.1.1 面向性能的装配数字化试验

在航空发动机生产单位，发动机各零件加工完成后，将进行部件、整机装配，继而进行整机试车，如性能不合格或者性能超标，需要分解、检查、排故，并再次进行装配和整机试验。如建立加工参数、装配参数与发动机性能和振动的数字孪生模型平台，在发动机装配完成后，输入加工装配参数至数字孪生平台先期开展数字化试验，则可大幅度加速生产进程、缩短周期，进而为后续优选优配奠定基础[14-15]。西北工业大学发展了适用于航空发动机装配和性能数据特点的深度学习算法，并与航空发动机物理架构融合建立了"航空发动机装配-性能数字孪生模型"，并在某型号发动机上开展了性能和振动的试验数据验证。结果表明：模型响应时间不大于2 ms，非稳态最大误差不大于2%，稳态误差不大于1%。上述模型的建立，使得某单位具备了面向性能的装配数字化试验能力（见图2-1）。

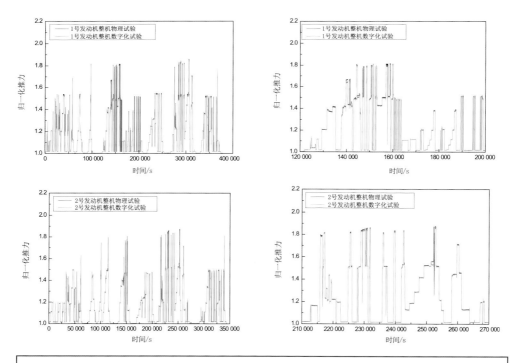

输入装配数据、试验环境参数和试验控制任务，开展面向性能的数字化试验(包括性能和振动，图例为无量纲推力)。

图2-1 面向性能的航空发动机装配试验

2.1.2 整机性能数字化试验

航空发动机整机性能数字化试验是将环境参数和控制参数输入数字孪生模型，实时输出发动机整机性能参数和振动参数，如图2-2所示。其主要功能如下：

（1）在设计阶段，可以调整设计参数，通过数字化试验定量评估设计参数对性能的影响；

（2）针对整机试验过程中的排故可以先在数字化试验平台上进行。

总之，整机数字化试验的目的是尽可能在数字化空间进行大量的反复调整，以加速设计进程[16-17]。

本应用案例为构建的含性能和振动的航空发动机整机数字化试验系统，具体指标如下：

（1）响应时间不大于2 ms，远小于传感器扫描时间（一般为25 ms）；

（2）非稳态最大误差不大于2%，稳态误差不大于1%。

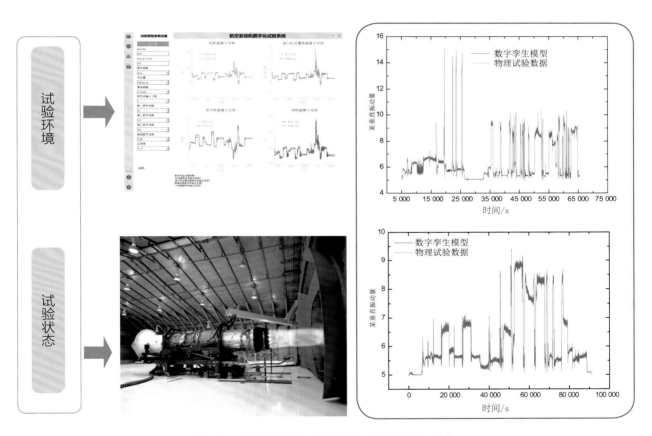

图2-2　整机性能数字化试验（以振动为例）

2.1.3　破坏性故障数字化试验

破坏性故障数字化试验是数字孪生模型最具吸引力的应用场景，本案例是典型避免破坏性物理试验的直接应用。某大型装备运行过程中，其不稳定工作包线未知，厂家给出的也只是理论不稳定工作边界，其与实际不稳定工作边界差别较大。不稳定工作包线的缺失导致该设备在应用中只能在图2-3所示的"原运行区"小范围区域运行，这是因为工作点一旦靠近不稳定工作包线，将极易导致设备损坏。该设备一旦损坏，维修时间动辄半年，会导致试验大幅度延后，甚至会影响整个工程进度。该设备破坏性故障数字化试验系统建立和试验过程包括如下几步。经试验数据检验，数字化试验预测的不稳定工作包线精度在5%以内，大幅度扩展了该设备的运行区域，如图2-3所示。

（1）根据该设备运行数据，建立该设备的数字孪生模型，该数字孪生模型拥有足够高的精度，其在数字化空间可以完全代替物理设备进行虚拟运行。

（2）在数字孪生模型中输入物理设备不同的极限运行参数，如不停增加转速、不停增加功率；直至数字化试验反映出不稳定状态，如振动超标、排温超标等。

（3）反复进行第（2）步试验，所有不稳定状态的运行参数构成不稳定边界。

（4）对设备运行时偶尔出现的短暂不稳定状态数据进行试验数据验证，看其是否落在数字化试验运行出的不稳定工作包线上。

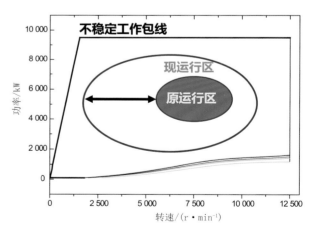

图2-3　某大型装备不稳定工作包线数字化试验（大幅度扩展运行区域）

2.1.4 整机振动数字化排故

航空发动机整机振动随机性强、影响因素众多，导致振动排故极为困难。本案例简要阐述基于数字孪生模型进行整机振动排故的数字化试验流程，需要说明的是，该案例工作基础是小样本数据（即只给出4台发动机数据）。如果数据量加大到一定程度（如30台发动机数据），则可直接按照2.1.5节建立装配数据和整机振动的映射关系。

案例问题：如图2-4所示，给出4台发动机的整机振动数据，其中1台发动机振动超标，需要找出导致该台发动机振动超标的关键装配参数。

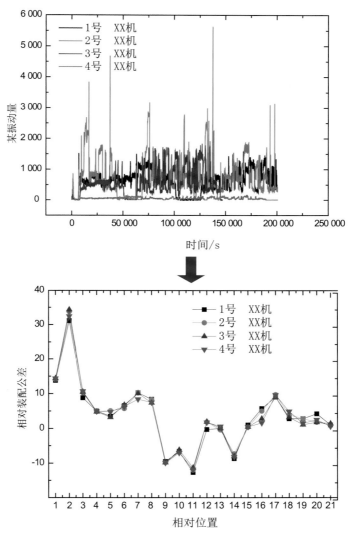

图2-4　整机振动排故（参数无量纲化）

（1）整机振动分析。如图2-5所示，航空发动机每个零件有加工公差，各零件在装配时有装配公差。加工公差和装配公差的差异，均会导致整机振动性能的差异。该两类因素是发动机还没有热运行时的差异，因此称为冷态因素。航空发动机一旦起动运行，各零、组件在极端热环境下工作，由热胀冷缩产生的间隙差异性变化也会导致振动性能差异。航空发动机整机振动超标往往是冷、热态因素交织在一起的结果。

（2）整机振动数字孪生模型的建立。如图2-6所示，依据4台发动机试验数据，建立各自对应的振动数字孪生模型。保证高精度的数字孪生模型，可以代替整机振动开展数字化试验。

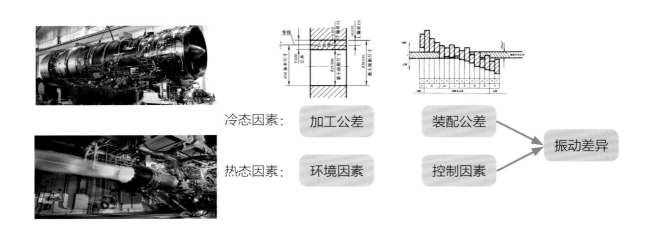

图2-5　整机振动冷、热态因素分析

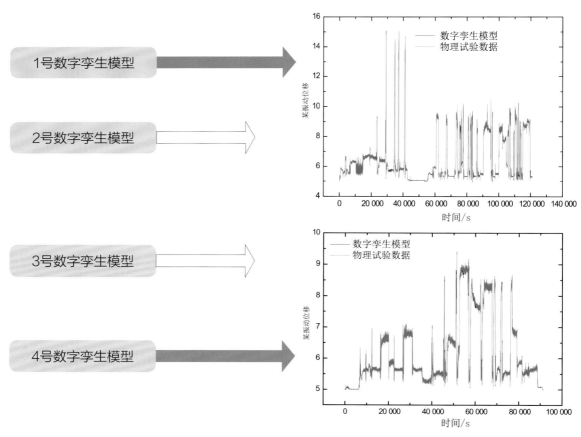

图2-6　整机振动数字孪生模型的建立（4台）

（3）整机振动数字化试验。如图2-7所示，将相同的环境参数、控制参数同时输入4台发动机数字孪生模型开展数字化试验。4台发动机在相同的环境、控制下进行数字化试验，热运行条件完全一样，表现出的振动差异也就只能归结为冷态因素了。该步骤作为关键之处，在于其可区分冷态因素和热态因素。

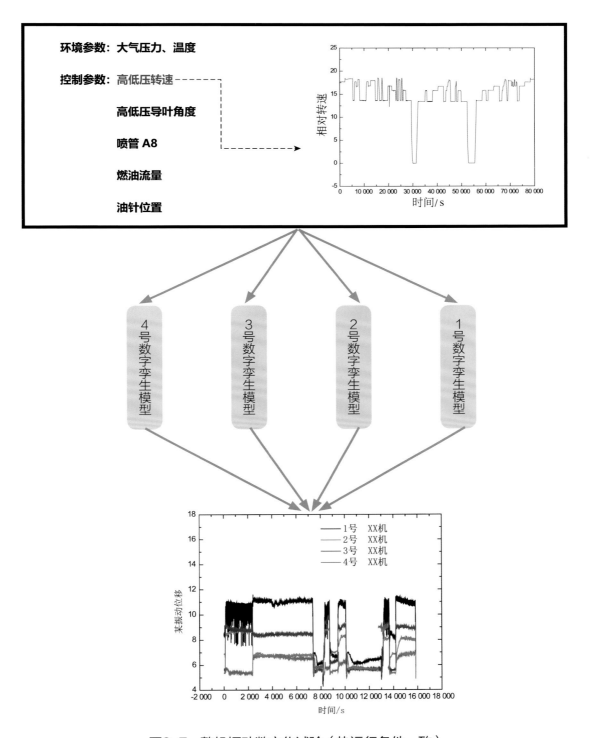

图2-7　整机振动数字化试验（热运行条件一致）

（4）整机振动排故。如图2-7所示，4台发动机在相同热运行条件下表现出振动差异，1、3较差，2、4较好。如图2-8所示，我们在装配参数中寻找符合如下3条规则的装配参数：①在该参数下1和3靠近；②2和4靠近；③1、3和2、4有明显差异。该类参数即为影响振动超标的关键装配参数，在工程中也得到了多次验证。

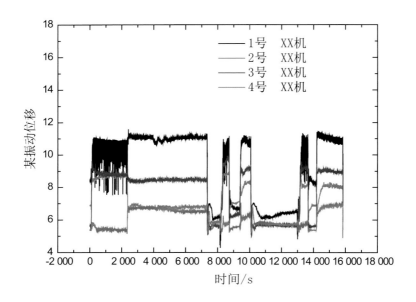

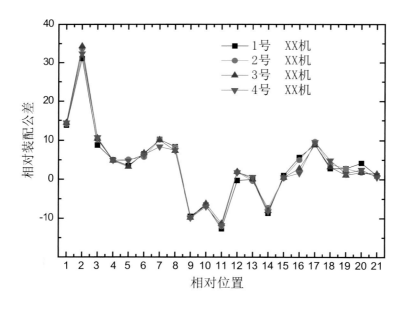

图2-8　整机振动数字化排故示意图

2.1.5　航空发动机零部件加工、装配的优选优配

　　2.1.4节所述方法是基于发动机数据较少的情况下开展的整机振动排故工作。如果发动机数据量加大到一定程度（如30台发动机数据），则可直接建立加工数据、装配数据和整机性能（含振动）的数字孪生模型。将发动机加工数据、装配数据直接输入数字孪生模型先期开展数字化试验，进而在数字化空间调整加工参数和装配参数，即所有的物理调整尽可能先期开展数字化试验，以缩短制造或维修周期[18-19]。

　　该案例的最吸引人之处在于其可通过数字孪生模型开展优选优配数字化试验，如图2-9所示。通过数字孪生模型快速的数据映射能力，以及以智能网络的形式表达加工参数、装配参数和整机性能参数之间的关联，进而找到最佳的参数组合。例如：哪些加工参数、装配参数必须严格控制；哪些加工参数、装配参数可以适当放宽；即使超差的加工零件或者单元体通过其他单元体的弥补也能应用，并且保证整机性能达标[20-21]。

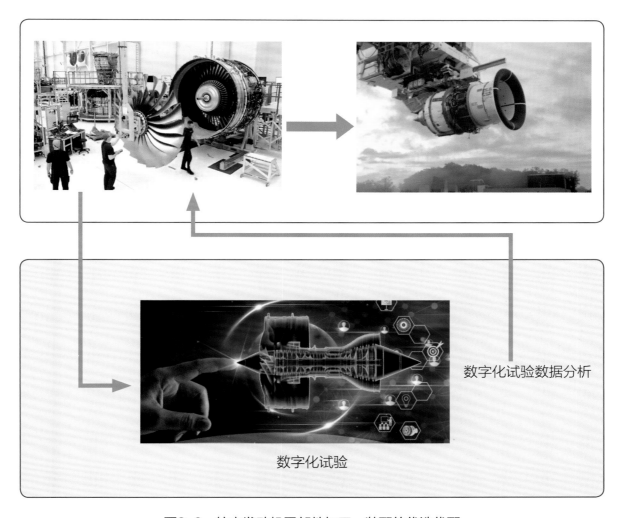

图2-9　航空发动机零部件加工、装配的优选优配

2.1.6 航空发动机喘振排故与预警

喘振预警是航空发动机工程领域极具挑战性的难题，飞参（FC）测量数据少更加重了喘振排故与预警的难度。本案例展示仅以飞参数据依靠数字孪生开展喘振排故与预警。本案例中，依据飞参数据分析某型发动机喘振原因（见图2-10），具体步骤如下。

图2-10　航空发动机喘振排故与预警示意图

（1）依据飞参数据构建每台发动机的高精度数字孪生模型，如图2-11所示。

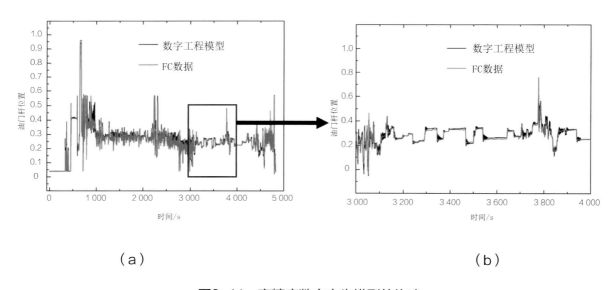

（a）　　　　　　　　　　　　　　（b）

图2-11　高精度数字孪生模型的构建

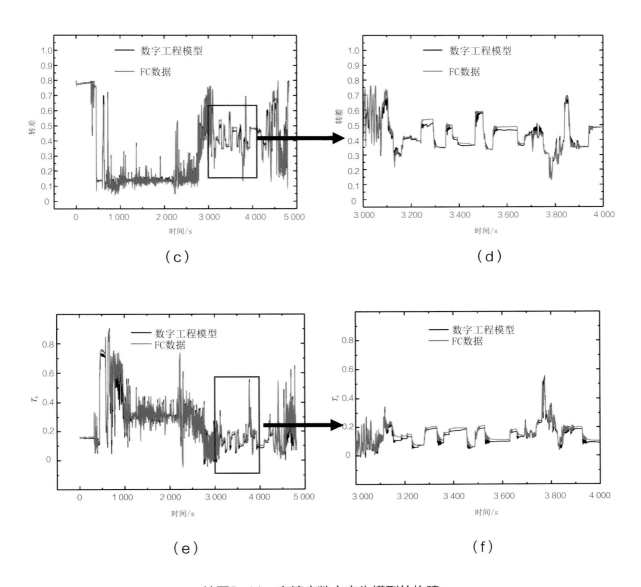

续图2-11　高精度数字孪生模型的构建

（2）高精度数字孪生模型的再次验证。以某台所给数据时间序列较长的发动机为基础，开展数字孪生模型试验数据验证。如图2-12所示，案例9号发动机时间序列数据跨度9个月。以该台发动机第1个月数据训练数字孪生模型1，以该台发动机第9个月数据训练另一个数字孪生模型9，则数字孪生模型1代表该台发动机第1个月性能，数字孪生模型9代表该台发动机第9个月性能。两个模型在相同的环境参数、控制参数下做数字化飞行试验，试验性能参数的差异就代表了性能衰减。如图2-13所示，可以看出第9个月相比于第1个月，发动机油门杆位置、发动机转差和排温T_6均发生了性能的衰减。

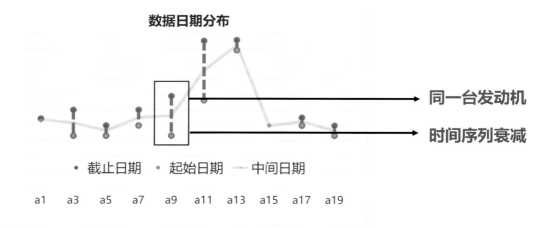

图2-12　时间序列数据的选取

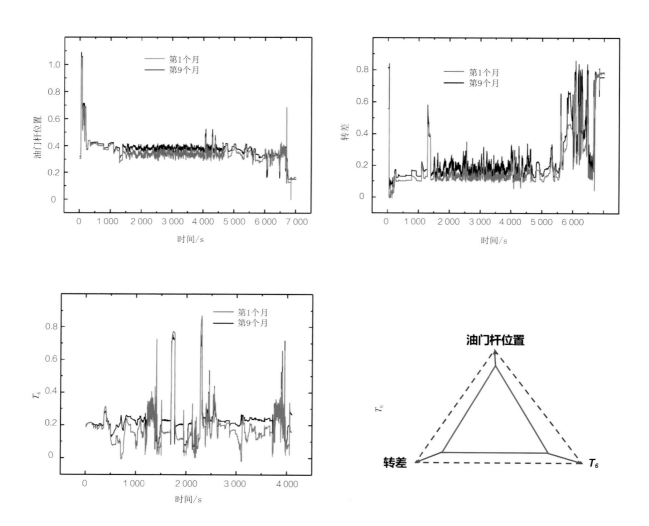

图2-13　第9个月相对于第1个月的性能衰减

（3）数字化飞行试验。在相同的环境参数、控制参数下开展数字化飞行试验，发现性能参数（油门杆位置、转差和排温）、控制参数（导叶角度、喷口面积及其调节速率）的差异，如图2-14所示。

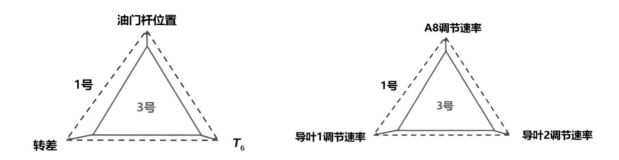

图2-14　数字化试验发现某台发动机某控制参数异常

（4）喘振排故及预警。出现某控制参数异常的发动机被证实为发生喘振的发动机。依据物理机理也能给出机理解释，并给出预警措施。

2.1.7　航空发动机性能衰减评估

航空发动机每次飞行环境和飞行任务存在巨大差异，特别是对于军机发动机差异更为明显。由于环境和任务存在巨大差异，所以通过直接对比时间序列的飞参数据去评估发动机性能衰减难度极大。图2-15所示为不同时间段的数据训练数字孪生模型。各数字孪生模型在相同的环境参数、控制参数下做数字化飞行试验，试验性能参数的差异就代表了性能衰减，从而可开展航空发动机性能衰减的定量评估。

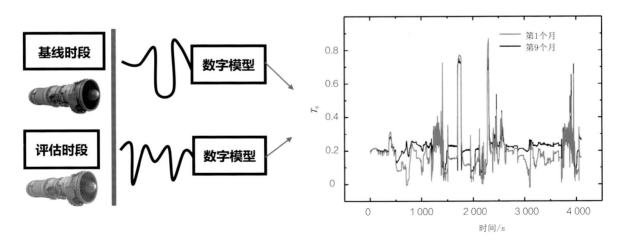

图2-15　航空发动机性能衰减评估

2.1.8　航空发动机维修效果数字化评估

　　航空发动机维修效果评估的常规思路如下：发动机返厂后，先进行地面试车，再开展维修，修后再进行地面试车，将修前、修后两次试车数据进行对比，以开展发动机维修效果评估。由此可知，每台发动机的修前试车大幅度增加了经费开支且带来时间消耗。

　　智能化技术的发展给航空发动机维修效果评估带来了新的技术路径。如图2-16所示：第一步依靠飞参数据建立航空发动机数字孪生模型，该模型能够真实地在数字空间反映修前发动机的性能，开展修前数字试验；第二步为修后物理试验；第三步为修前数字试验与修后物理试验对比，以开展维修效果定量评估。该技术路径的关键之处在于以修前数字试验代替修前物理试车，大幅度节省了人力、物力、财力，并减少了时间消耗。

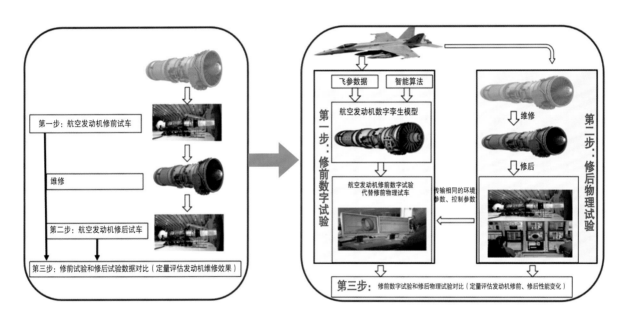

图2-16　修前数字化试验代替修前的整机试验

2.1.9　航空发动机维修分级分类评定

　　航空发动机维修分级分类评定的常规思路是维修后对比台架试车数据，以开展分级分类评定。该类技术思路的问题在于环境差异和控制模式差异会导致评定出现较大偏差，即使以换算参数对比，误差依然存在。航空发动机维修分级分类数字化评定，依靠数字孪生模型解决了上述问题，其具体步骤如图2-17所示。第一步依靠台架试车数据建立航空发动机台架数字孪生模型，该模型能够真实地在数字空间反映修后发动机的台架性能；第二步开展相同环境、控制模式下的数字化试车试验；第三步为数字化试验结果对比，开展分级分类评定。该技术路径的关键之处在于保证分级分类评定的标准一致，即试验环境、控制模式完全一致。

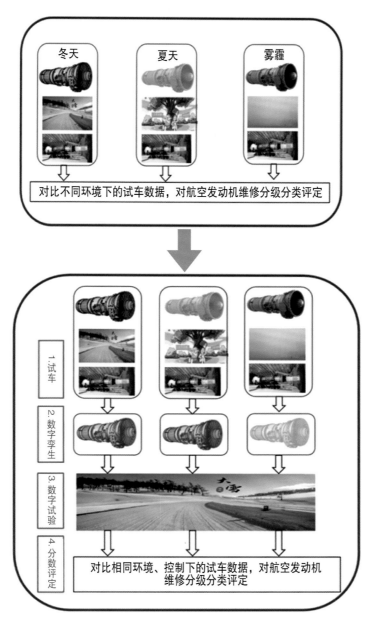

图2-17　航空发动机维修分级分类评定

2.1.10　航空发动机数字化维修

在航空发动机维修维护过程中，人们最想知道哪些参数（如装配参数）对发动机性能影响最大。进而人们想知道如何尽可能优化维修维护参数，以实现快速提升发动机性能的目标[22-24]。这中间需要建立维修参数与发动机性能的关系模型。如图2-18所示，西北工业大学摈弃传统的仿真和数学模型，建立维修参数与发动机性能关系的数字孪生模型，利用数字模型可先期开展数字化试验，即根据装配参数快速预测其整机性能；进而根据数字孪生模型实现装配维护的优选优配、故障排查和维修评估，在应急情况下可以替代物理试车。

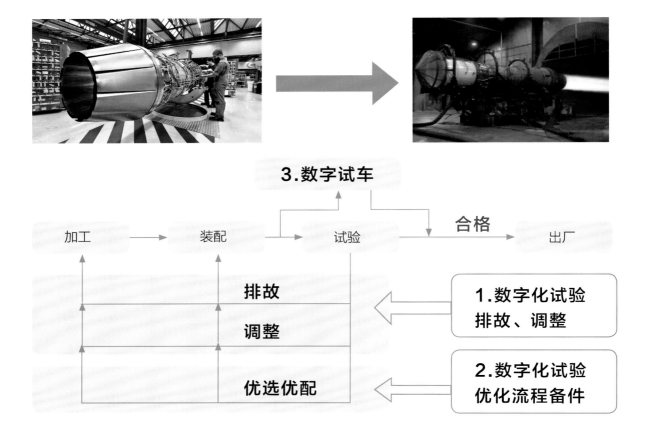

图2-18　航空发动机数字化维修

2.1.11　航空发动机险情预警

通过数字孪生和数字化试验，我们还可发现运行数据背后隐含着的发动机性能变化模式，进而实现具备个体特征非平均模型的航空发动机险情预警（见图2-19）。

图2-19　航空发动机险情预警

2.2 航空发动机数字孪生小模型构建

2.2.1 航空发动机数字孪生的核心技术

人工智能的核心思维是模拟大脑的思维活动，以神经元节点代替脑细胞神经元，各类神经元节点的链接关系代表不同的人工智能算法。虽然人工智能算法千变万化，但核心的思维仍旧是模拟大脑的思维活动，这一点始终没有变化[25]。而航空发动机是各个零件、元件、部件和系统的高效匹配及共同工作。从表面上看，人工智能和航空发动机在底层架构上毫无关联。如何将两类毫无关联的模式在底层架构上完美统一，是数字孪生的核心技术（见图2-20）。针对该核心技术问题，目前主要有三类技术途径，分别为数据驱动、模型驱动和架构驱动。

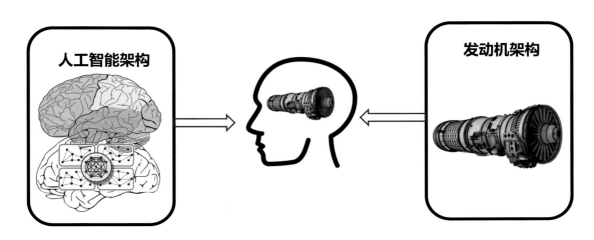

图2-20　航空发动机数字孪生的核心技术

2.2.2 航空发动机数字孪生的数据驱动方法

数据驱动的概念如图2-21所示。选择合适的人工智能算法模型，航空发动机各类数据源源不断地送入该模型。随着数据量的不断增加，该模型不断完善。此类技术途径的最大优点是实现过程简单快速，工程人员无须深入了解人工智能算法结构。但数据驱动的缺点也显而易见，数据驱动算法模型无任何航空发动机物理知识，即相当于从零开始学习，数据需求量大。同样，数据驱动算法模型为"黑箱模型"，其给出的结果人们不知道对错与否、是否合理，且不具备可解释性。进一步，也正是由于无任何航空发动机物理知识，数据驱动给出的决策会出现"超出物理规则"不可接受的结果。此类超出物理规则的决策，哪怕只有1%的概率，对航空来讲也可能导致机毁人亡。

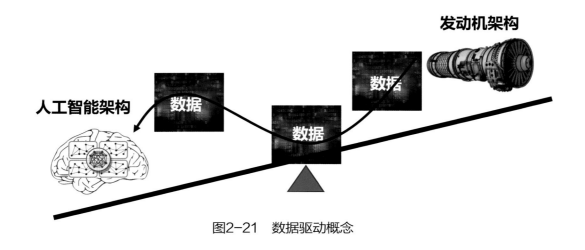

图2-21　数据驱动概念

2.2.3　航空发动机数字孪生的模型驱动方法

模型驱动有时也被称为仿真驱动，GE公司Predix就是典型的模型驱动架构。模型驱动的概念如图2-22所示。根据所考虑问题的维度选择合适的航空发动机机理模型，通过人工智能算法和试验数据驱动航空发动机机理模型不断完善。

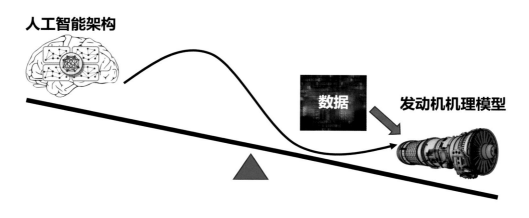

图2-22　模型驱动概念

在工程应用中，为了保证航空发动机机理模型与航空发动机物理工作过程高保真匹配，经常需要将气路模型、控制模型、空气模型、滑油模型、附件模型、振动模型等布置在同一数字化架构下，如图2-23所示。通过数字化架构，各模型之间可以互相通信、数据交互，以达到联合驱动的功效。各模型还可以继续集成二级模型，如气路模型可以集成压气机仿真、燃烧室仿真、涡轮仿真等。因此，模型驱动很多时候也被称为基于模型的系统工程[26]。模型驱动最大的优势在于物理机理的融入，但发展高精度的机理模型需要将各类模型联合调试，实现周期相对较长。

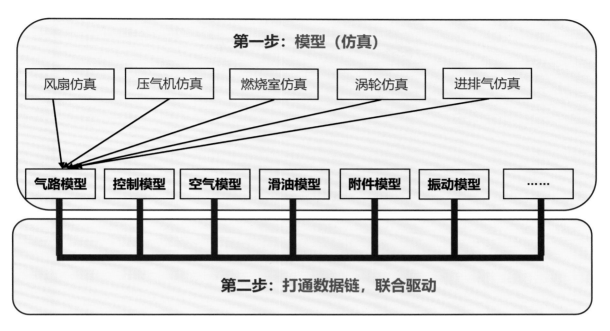

图2-23 机理模型联合驱动架构

2.2.4 航空发动机数字孪生的架构驱动方法

如图2-24所示，架构驱动完全脱离了模型和仿真概念，其将航空发动机物理架构融入智能网络，实现从物理空间到数字空间的转移。架构驱动的特点是将确定的航空发动机物理知识引入智能网络，不明确的物理知识由试验数据驱动，兼顾了模型驱动的物理机理优势和数据驱动的大范围寻优优势。相比于前两类方法，架构驱动的优点在于以下3点：①具备物理知识和可解释性；②需求数据量少，相同精度数据需求量是纯数据驱动的5%左右；③训练速度快、精度高。其缺点在于需要适应于航空发动机数据特点的专业人工智能算法，传统以视觉处理、文本理解为应用场景的人工智能算法不能直接应用。

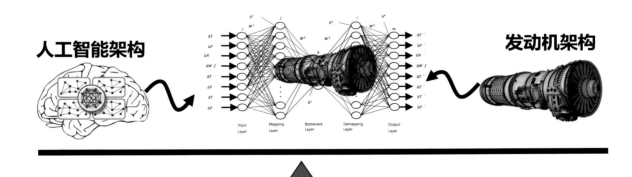

图2-24 架构驱动概念

我们可以先从颗粒度由粗到细的层次逐步理解架构驱动数字孪生建模的理念，先理解部件/系统级，再逐步过渡到元件级，包括振动—性能—材料—加工耦合建模的技术路径。

如果我们从部件级角度理解航空涡扇发动机的工作机理，其是风扇、压气机、燃烧室、高低压涡轮等和控制系统、空气系统、滑油系统、附件系统一起匹配共同工作，在一定的环境和控制任务下表现出对应的性能和过程参数，如图2-25所示。传统部件法建模以风扇部件特性代替风扇、压气机部件特性代替压气机等，通过转速相等、流量连续、功率平衡等已知的共同工作方程，寻找共同工作点，如图2-26所示。

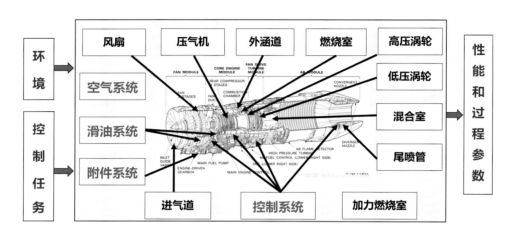

图2-25 从较粗的颗粒度角度理解涡扇发动机匹配

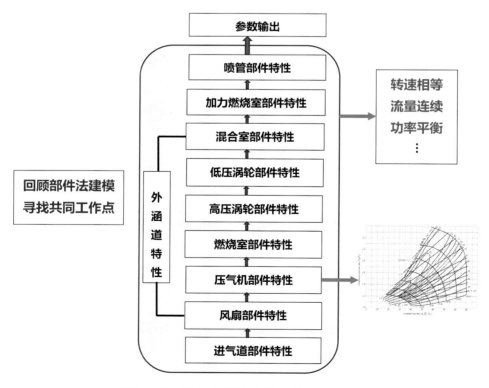

图2-26 传统部件法建模寻找共同工作点

部件级架构驱动第一步将部件特性更换为对应的智能网络，即将风扇部件特性、压气机部件特性、燃烧室部件特性、高低压涡轮部件特性等更换为对应的智能网络，同时按照物理架构的对应关系增加空气系统、滑油系统和附件系统（见图2-27），空气系统从高压压气机引气，送入高压涡轮冷却、封严，因此空气系统网络层和压气机、高压涡轮间有数据传递关系。滑油系统润滑轴承，因此滑油系统网络层和风扇、压气机、高低压涡轮间也有数据传递关系。控制系统控制了喷口面积、燃油、转速，因此控制系统网络层和对应的网络层之间有数据传递关系。

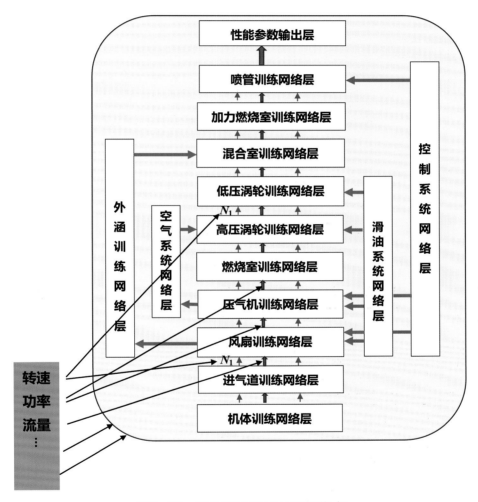

图2-27　架构驱动寻找共同工作点

图2-27所示⬆符号表示输入参数，在训练过程中各自部件的测试参数输入对应的网络。如风扇训练网络层输入风扇转速N_1和风扇导叶角度α_1，压气机训练网络层输入压气机转速N_2和压气机导叶角度α_2。同样地，低压涡轮训练网络层也输入风扇转速N_1，高压涡轮训练网络层也输入压气机转速N_2，隐含着转速相等的已知知识。通过试验数据：一方面训练各自网络（类似于学习训练部件特性，以及隐含部件特性随时间序列的衰减关系）。另一方面训练如图2-27所示，⬆符号代表的

部件和部件之间的匹配工作关系，如风扇和压气机、压气机和燃烧室的匹配关系，虽然这些匹配关系不能用数学公式和模型表达，但是可以通过网络的形式训练出来。可以看出，部件级架构驱动大幅度扩展了寻找共同工作点的范围，具备如下优势：①不仅包含气路系统，还包含了空气系统、滑油系统和进一步可扩展附件系统；②隐含了部件特性随时间序列的衰减；③大幅度扩展了共同工作匹配关系，不能用数学公式和数学模型表达的部件匹配关系用网络的形式表达了出来。

如图2-28所示，部件级架构驱动进一步将颗粒度细化至元件级架构驱动，可将压气机网络变为压气机第一级网络、压气机第二级网络，以此类推。颗粒度进一步细化，可分为压气机每个叶片网络，网络和网络之间的链接关系和物理架构完全一致。

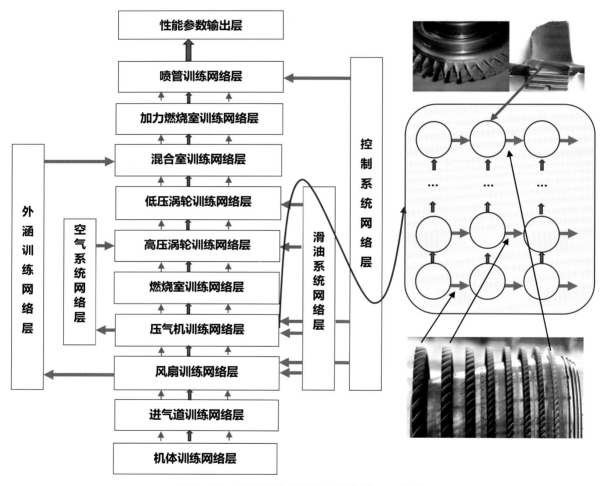

图2-28　元件级架构驱动寻找共同工作点

图2-28所示的元件级架构驱动的数字孪生模型将会在故障试验中发挥极其重要的作用。例如，物理试验中某一压气机叶片损坏，我们可以在数字孪生架构上把对应的叶片网络破坏，从而开展元件级故障数字化试验，大幅度扩展了故障数据库，也就实现了破坏性故障试验尽可能在数字化空间进行的目的。

发动机性能、振动和材料模型的数据融合架构如图2-29所示，通过试验数据驱动分布式网络，对应测试数据送入对应各自部件网络。该过程有如下特点：

（1）训练每个部件网络的响应特性。该响应特性由试验数据驱动训练得出，且根据训练数据（如运行数据）实时调整，因此能够跟踪全生命周期内的特性变化，同时具备个性化表征每个发动机的个体差异的能力。

（2）训练每个部件网络的连接特性。该连接特性对应于传统意义上的共同工作，不同之处在于性能、振动和材料也融入进来。模型以连接响应的方式表达，该连接响应能够全面反映系统之间的匹配性能。

（3）网络训练的是参数之间的共同工作匹配规律，即参数只有如此匹配才能共同工作。该匹配规律是物理运行规律，在发动机结构不发生变化的前提下不区分高、低空性能。

（4）公差、工艺数据也能进一步融入，如图2-30所示。

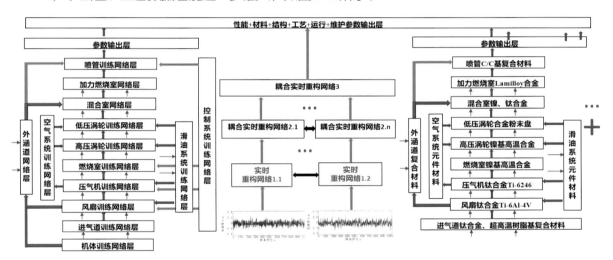

图2-29 发动机性能、振动和材料模型的数据融合架构（一）

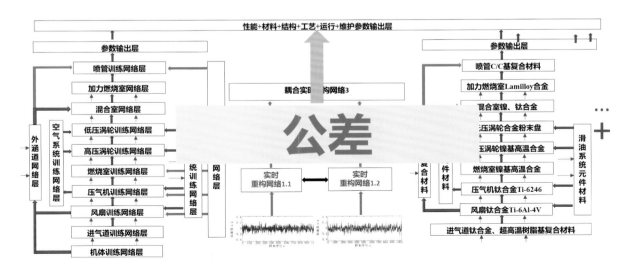

图2-30 发动机性能、振动和材料模型的数据融合架构（二）

2.2.5　地面试车—高空台—机载数据的知识迁移及应用

对于航空发动机而言，由于其任务的复杂性和多变性，无论是地面试车试验、高空台试验还是机载数据，均不能遍历整个航空发动机的数据空间，所以需要三类数据知识迁移以用于智能控制、数字试验、险情预警、健康管理和应急决策等诸领域，如图2-31所示。

摆在人们面前一个比较现实的问题是机载、高空台和试车参数所测参数数量、类型不同。例如，机载发动机测试参数在20个左右，但地面试车参数一般会超过200个，如果通过数字孪生模型能够机载实时孪生出180个未测参数，类似于虚拟传感器的概念，则会大大增加智能推理判据，如图2-32所示。

为了阐述知识迁移的基本理念，我们以一个形象化的示例入手。如图2-33所示，假设一根粉笔在地面下有力F_1、质量m_1和加速度a_1三个参数。该根粉笔在空中变为半根粉笔，其质量变化为m_2，同样加速度变为a_2，力变为F_2。虽然关于力、质量、加速度具体的参数，地面粉笔和空中粉笔发生了变化，但是这三类参数的匹配关系，即$F=ma$（牛顿第二定律），地面粉笔和空中粉笔没有发生任何变化，也就是参数间的物理规律没有发生任何变化。

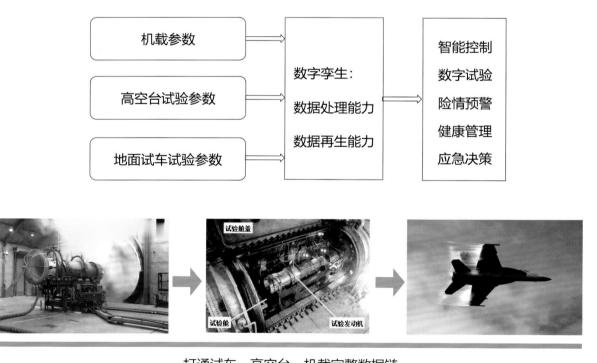

打通试车、高空台、机载完整数据链

图2-31　地面试车—高空台—机载数据的知识迁移及应用

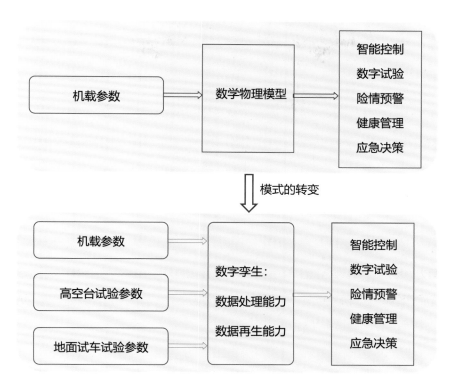

图2-32 机载、高空台和试车参数的迁移大幅度增加推理能力

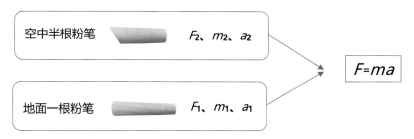

质量参数可以变化，加速度参数可以变化，牛顿第二定律会发生衰变吗？

图2-33 物理规律不衰减原理图

既然物理规律不衰减，则知识迁移的技术路径应该是发现共同准守的物理规律而不是纠结具体参数的变化。这一点思维方式的转变，在知识迁移算法设计中至关重要。基于此，我们逐步转变思维方式，理解下述三个问题。

（1）暂时不考虑引气和功率提取等，转速相等、流量连续、功率平衡等基本共同工作规律在地面和高空会不会发生变化？这里指的是这些参数的匹配物理规律，而不是具体参数。

（2）发动机性能衰减后转速相等、流量连续、功率平衡等基本共同工作规律会变化吗？

（3）再进一步，系统部件的匹配规律会不会发生变化？这里我们不关注具体参数变化，而关注匹配关系。

有了上述三个问题的答案，我们进一步理解如下两个问题。

（1）匹配规律在数学思维上怎么表达？是不是参数和参数之间的关联映射？

（2）进一步，匹配规律是否是在环境参数、控制参数给定的情况下的性能参数和性能参数之间的映射？

如图2-34所示，我们将环境参数、控制参数归类为A组参数。性能参数分为2组，第一组B组为机载试车高空台均测试的如T_6、滑油压力等，第二组C组为机载不测试但试车高空台测试的如推力F、防喘压力、各类截面压力温度等。举例来讲，假设机载发动机测试参数20个，地面试车参数200个，则180个机载未测参数被归入C组。A组和B组为一集合，利用机载数字孪生模型可紧密跟踪，其隐含了部件系统元件的性能衰减。A组+B组到C组的映射为物理规律不衰减，利用试车和高空台数据可直接建立映射关系且可用于机载，即大幅度孪生出数额庞大的未测参数，实现地面试车、高空台和机载的知识迁移。该知识迁移模型可以通过民机涡扇发动机机载数据或者军机涡扇发动机长试数据进行验证，如图2-35所示。目前该验证工作已经完成。

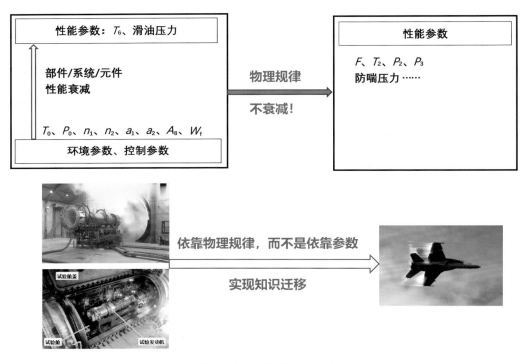

图2-34 知识迁移路径

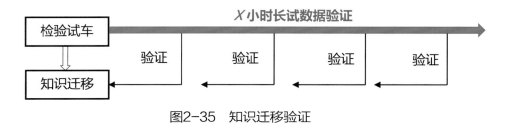

图2-35 知识迁移验证

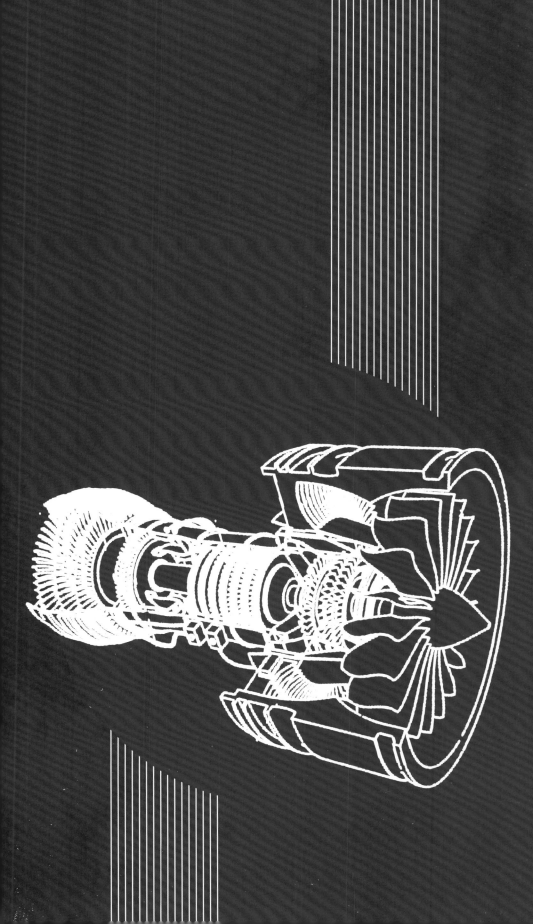

航空发动机数字孪生大模型

3.1 航空发动机数字孪生大模型的基本概念

ChatGPT火爆之后，人们经常追问AI大模型是否能在航空发动机领域得到应用，特别是AI大模型的泛化性、通用性、迁移性，是否能为航空发动机的创新设计带来新的技术手段。按通俗的话语来讲，就是能否建立数字孪生大模型，以及根据历史型号数据推测新的设计方案并快速给出其性能。例如，如图3-1所示，根据遄达900、RB211、珍珠15、CFM56系列发动机设计、试验数据，第一步快速预测珍珠10X发动机性能以改进其发动机设计，第二步根据上述发动机历史数据给出新的候选设计方案。航空发动机数字孪生大模型一旦实现，必将会引起领域内的技术变革，这也正是2018年美军数字化工程的宏伟战略，即"明天给出85%的方案比5年后给出100%的方案更为重要"。

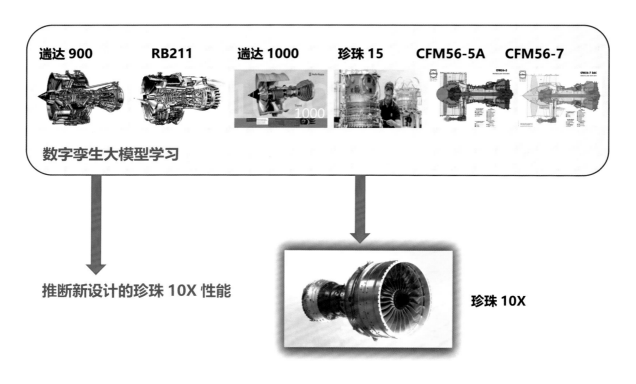

图3-1 航空发动机数字孪生大模型

3.2 航空发动机数字孪生大模型的技术路径

数据和知识迁移是数字孪生大模型的关键所在，图3-2给出了其中的一类技术途径。首先将不同类型、型号的发动机数据，包括部件元件位置数据和对应位置的信息数据，进行随机掩码。而后对位置和信息数据进行位置编码［学习不同类型发动机（如涡喷、涡扇、涡轴、冲压、预冷等）位置编码需要二维或者三维编码］，利用专用Transformer算法进行位置和信息数据的转化学习。完成后，数据进入架构驱动的数字孪生小模型，该步的目的是保证物理机理信息的融入，防止超出物理规则。在具体应用过程中，根据新设计发动机的构型输入位置编码矩阵和几何数据，类似于"提示信息"，就可进行数字化试验。这里需要指出的是，Transformer算法需要根据发动机数据时效性特点设计，语义理解大模型的Transformer算法不适用于航空发动机的知识迁移大模型设计。

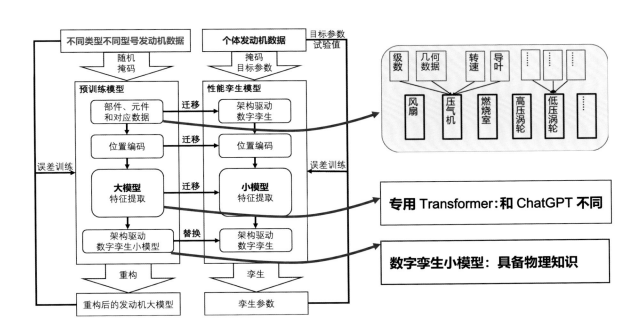

图3-2　航空发动机数字孪生大模型

图3-3为根据10个型号民用涡扇、涡喷、涡轴发动机设计数据和试验数据建立的航空发动机数字孪生大模型验证范例。输入1款新型号发动机设计数据，开展数字化试验，图3-3为数字化试验和物理试验的无量纲排气温度T_6对比。两者误差不超过1.5%，反映出数字孪生大模型初步具备了数字化设计的能力。我们深信，随着数据量的积累和模型的不断完善，大模型的应用会很快实现。

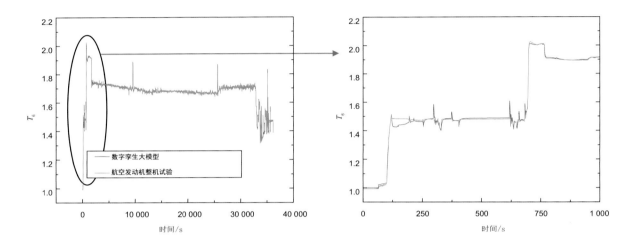

图3-3 航空发动机数字孪生大模型验证

数字孪生智能网络

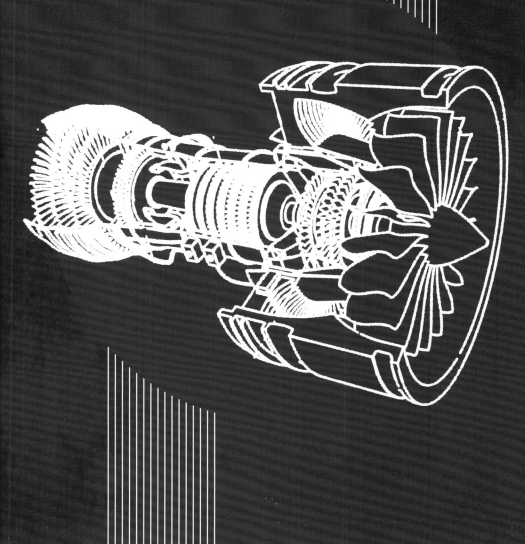

在架构驱动的数字孪生建模过程中，我们多次提到智能网络。智能网络设计是最为关键的步骤，直接关系到数字孪生模型的精度和响应速度。需要注意的是，开源的智能网络应用场景大多以图像识别、语音辨识、语义理解为主，这些信息数据与航空发动机数据存在本质区别，因此开源的智能网络不能直接应用于航空发动机数字孪生建模，并且航空发动机多源数据的性质差别也较大。例如：几何数据、装配数据属于无时效性数据；气路数据（如排气温度）相比于振动数据，由于流体具有较强的可压缩性，导致气路数据时效性较弱。数据之间的这些差异，在智能网络设计的时候均需要考虑。

4.1 重构网络

智能网络的构建需要兼顾精度和速度。高精度的网络需要更多的神经元节点，但更多的神经元节点导致速度缓慢，因此精度和速度是相互矛盾、需要平衡的难题。解决该问题的一类技术途径是设计可重构网络，如图4-1所示。

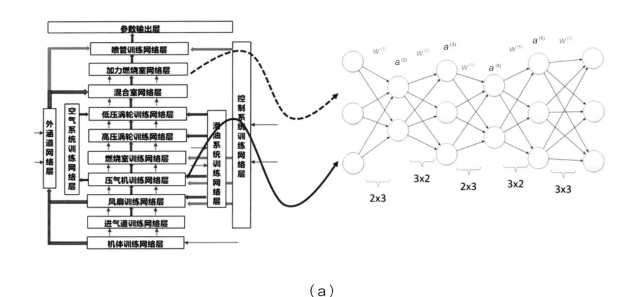

（a）

图4-1 智能重构网络

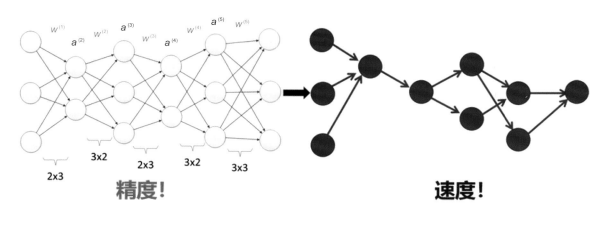

（b）

续图4-1 智能重构网络

4.2 强时效性循环神经网络

ChatGPT语义理解领域常用循环神经网络。以图4-2填空为例，读完这段话，笔者深信读者会毫不犹豫地在空格里面填写"中文"。仔细想一下，人们为什么会填写"中文"，这是因为在读这段话的过程中，人们记住了前面出现的"中国"两字。这说明前面的数据信息"中国"对后面的填空位置（　　）产生了长期的影响。常规循环神经网络针对这一应用场景，设计的算法必须具备长期的影响。如果长期影响较弱，也就是"读了后面的忘了前面的"，那么会直接造成语义理解失误，但问题是发动机数据间的影响也和语义理解一样长期影响这么强吗？

我在**中国**生活了很多年，那儿风景秀丽，生活富足，人们之间的相处也很和谐。XXXXXXX。

第二段XXXXX

由于长期的生活熏陶，我的（　　　）说得很流利。

图4-2 常规循环神经网络的长期影响

如图4-3所示，t_3时刻的数据对t_1时刻的数据有影响吗？回答是肯定的，有影响。进一步，t_3时刻的数据对t_1时刻的数据影响大吗？回答是影响较小，影响较大的是更为靠近t_1时刻的t_2时刻数据。通过上述分析发现，对于航空发动机数据或者机械系统而言，数据间的长期影响较小，刚好与语义理解相反。理解到这里，我们就会明白，直接应用常规循环神经网络，极大可能会导致数字孪生建模的失效。

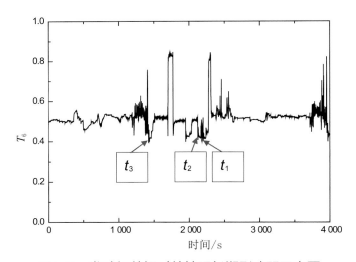

图4-3　发动机数据时效性强长期影响弱示意图

基于上述理解，针对数据时效性特点，我们需要大幅度改进循环神经网络。图4-4为一典型的改进案例。该循环神经网络增加了遗忘门、输入门、输出门，已达到减小长期影响、增加时效性的目的，使得智能算法适合于航空发动机的数据特点。该案例给出的是网络算法的设计思路，针对气路数据、振动数据，则由于时效性强弱不同需要专门设计。同时需要指出的是，智能算法的设计是数字孪生的核心内容，需要对智能算法和航空发动机专业知识的深入理解，是一项艰巨的任务。

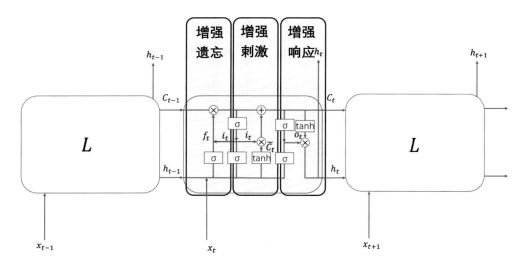

图4-4　一类改进的适用于航空发动机数据的循环神经网络

4.3 智能网络的分步调整

前述网络解决了时间序列问题，由后向前逐步调整解决了空间序列问题，但存在的问题是数字孪生输出参数众多，如果将所有参数全部放在输出层，会造成调整了推力而调整不了排温的现象，此起彼伏造成孪生的失效。针对该问题，如图4-5所示，我们可以将不同参数放在不同位置，例如，将推力放在参数输出层，将排温T_6放在低压涡轮出口输出，将P_3放在压气机出口输出，对应的反向调整也就变成了分布式。此类输出方式更加符合物理机理。

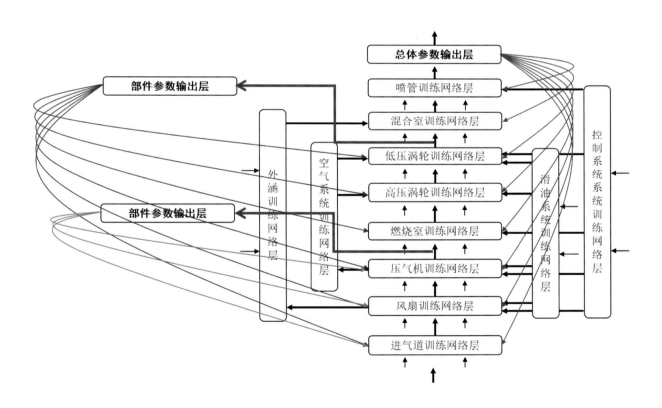

图4-5　多参数的分步调整技术

4.4 极速策略人工智能算法

目前，人工智能训练网络的建立大多是尽可能高逼真度模拟大脑思维活动，以网络节点代替大脑神经元并建立它们之间的逻辑架构。而人工智能算法通过不停的检验学习，构建神经元网络节点自身响应规律和之间的映射关系。更高级的人工智能网络和算法，还能通过无间断学习过程重构网络架构，以达到尽可能模拟人类思维的效用。虽然上述过程有人为痕迹在其中被称为"人工"智能，但未来通过算法进阶特别是极速算法的发掘，初始网络可以更加粗犷，人为痕迹更加减弱，最终会逐步由人工智能走向类脑智能。

由上述分析可以看出，人工智能算法无论是在现有网络重构还是在未来类脑智能进阶过程中均扮演着极其重要的角色。特别是极速人工智能算法的发展正起着承前启后的作用：一是其能快速反馈调整重构节点，破解"精度高、置信度强、需求网络复杂"而"实时性和速度性要求网络简单"的难题；二是其具备大规模调整网络节点的能力，减弱人为影响，是未来类脑智能的核心技术。

目前市面流行的人工智能算法反馈调整为

$$w^{n+1} = w^n + \eta \frac{\partial \text{loss}}{\partial w} \tag{4.1}$$

（1）该调整为显式结构，数学不稳定；

（2）调整过程为线性调整，其缺点是只着眼于当前状态而无"全局"数学策略，因此也只能小幅调整，速度慢；

（3）线性小幅调整极易陷入局部极值；

（4）只有单纯数学步骤，不能实现与网络架构的融合，反馈算法与网络架构割裂；

（5）学习率 η 等人为痕迹明显，干预性过强会造成"不同人训练出现不同结果"。

在粒子动力学中，熵增是由大量、无规则的粒子碰撞带来的不可逆能量耗散。我们定义两粒子 x_i, x_j 的正碰撞和逆碰撞分别为

$$x_{i,j} = x_i + x_j, \quad y_{i,j} = x_i^* + x_j^* \tag{4.2}$$

简化熵增可写成如下形式：

$$\hat{\sigma}_{\text{ent}} = \frac{1}{4} \sum_{i=1}^{r} \sum_{j=1}^{r} \left\langle \left\langle (x_{ij} - y_{ij})[\exp(-y_{ij}) - \exp(-x_{ij})] \right\rangle \right\rangle \tag{4.3}$$

此外，定义下列积分：

$$\left.\begin{array}{l}\kappa = \dfrac{1}{2}\left\langle\!\!\left\langle \left(\displaystyle\sum_{i=1}^{r}\sum_{j=1}^{r}(x_{ij}-y_{ij})^2\right)^{1/2}\right\rangle\!\!\right\rangle \\[18pt] \kappa_2 = \dfrac{1}{4}\left\langle\!\!\left\langle \displaystyle\sum_{i=1}^{r}\sum_{j=1}^{r}(x_{ij}-y_{ij})^2(x_{ij}+y_{ij})\right\rangle\!\!\right\rangle \\[18pt] \kappa_3 = \dfrac{1}{4}\left\langle\!\!\left\langle \displaystyle\sum_{i=1}^{r}\sum_{j=1}^{r}(x_{ij}-y_{ij})^2(x_{ij}^2+x_{ij}y_{ij}+y_{ij}^2)\right\rangle\!\!\right\rangle\end{array}\right\} \tag{4.4}$$

则可以得到如下卷积形式的熵增表达式：

$$\hat{\sigma}_{\text{ent}}(r,t) = \frac{\kappa}{2}\left\{\begin{array}{l}\exp\!\left[\kappa-\dfrac{1}{2}(\kappa_2/\kappa+\kappa^2)+\dfrac{1}{3!}(\kappa_3/\kappa+3\kappa_2+2\kappa^3)+\cdots\right]\\[12pt] -\exp\!\left[-\kappa-\dfrac{1}{2}(\kappa_2/\kappa-\kappa^2)-\dfrac{1}{3!}(\kappa_3/\kappa-3\kappa_2+2\kappa^3)+\cdots\right]\end{array}\right\} \tag{4.5}$$

省略二阶及以上的高阶项，有

$$\hat{\sigma}_{\text{ent}}(r,t) = \kappa\frac{\mathrm{e}^{\kappa}-\mathrm{e}^{-\kappa}}{2} = \kappa\sinh\kappa = \kappa^2 q(\kappa) \tag{4.6}$$

式中：函数 $q(\kappa)$ 的表达式为 $(\sinh\kappa)/\kappa$，且有 $\lim\limits_{\kappa\to0}q(\kappa)=1$，而当系统接近平衡态时，$\kappa$ 接近于零，因此当系统接近平衡态时，有

$$\hat{\sigma}_{\text{ent}}(r,t) \to \kappa^2 \tag{4.7}$$

此外，在近平衡态时，Rayleigh-Onsager耗散函数表征能量耗散，故 κ^2 就是Rayleigh-Onsager耗散函数。

若对式（4.5）保留三阶精度，则熵增可写成如下形式：

$$\hat{\sigma}_{\text{ent}} = \kappa\exp\!\left[\frac{1}{2}\left(\kappa_2-\kappa^2\right)\right]\sinh\left(\kappa-\kappa_2/2\kappa+\kappa_3/6\kappa+\kappa^3/3\right) \tag{4.8}$$

若高阶卷积近似的熵增保持上述形式，则熵增为正。式（4.7）和式（4.8）给出了熵增的最佳路径。

针对常规人工智能算法所遇到的技术问题，极速人工智能算法的核心理念为

$$w^{n+1} = f_1 \left(w^n, \ w^{n+1}, \ f_2\big(q(\text{loss})\big) \right)$$

（1）首先将原算法变为隐式算法，实现数学稳定；

（2）损失函数loss隐含着网络调整策略，其大小直接决定调整幅度，w^{n+1}和w^n由远及近为由网络不平衡到平衡的过程，而数学的平衡调整由熵方程决定，不是由梯度决定；

（3）将原先人为设定的梯度调整$\eta \frac{\partial \text{loss}}{\partial w}$，变为熵方程$f_2(q(\text{loss}))$，而熵方程与网络架构紧密关联，将网络架构与智能算法高度融合，利用了熵方程$f_2(q(\text{loss}))$的物理意义，即过程朝着最大熵方向发展的理念；

（4）熵方程$f_2(q(\text{loss}))$在非平衡态为强非线性，比线性高出多个数量级，大幅度加速了调整过程；

（5）熵方程$f_2(q(\text{loss}))$在近平衡态演化为线性，即当网络调整即将完成时才演化为线性小幅调整，如图4-6所示。

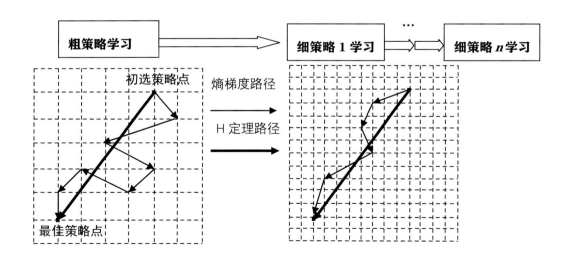

图4-6　极速策略人工智能算法

可以看出，极速策略人工智能算法具备如下优势：

（1）高度融合网络架构和反馈调整算法，具备"全局策略"；

（2）熵方程强非线性和线性高度统一保证了唯一性，强非线性加速，线性收敛稳定；

（3）实现了真正意义上的网络+算法的一体化。

4.5 泰勒展开数学思维的应用

为保证数字孪生模型如影相随，我们一般的做法是不断改善数字孪生模型的精度。在特别复杂的工程中把压力全部压在一个模型上，可能会造成负担过重。利用泰勒展开的数学思维，我们除了构造数字孪生模型外，还可以构造不同阶数的误差模型，以此来减轻数字孪生模型的构造压力，如图4-7所示。

$$\mathrm{e}^x = 1 + \frac{x}{1!} + \frac{x^2}{2!} + \frac{x^3}{3!} + \cdots, \quad -\infty < x < \infty$$

物理发动机 = 数字孪生模型 + 一阶孪生误差模型 + 二阶孪生误差模型

图4-7　泰勒展开数学思维的应用

4.6 峰值误差削弱技术

数字孪生模型在状态突变时刻由于数据量较少，在调整时效应很可能被消除，此时特征数据将派上用场。利用状态突变（如转速突变）的特点，设计误差传播函数，使得突变区域误差权值增大，峰值误差会大幅度下降，如图4-8所示。

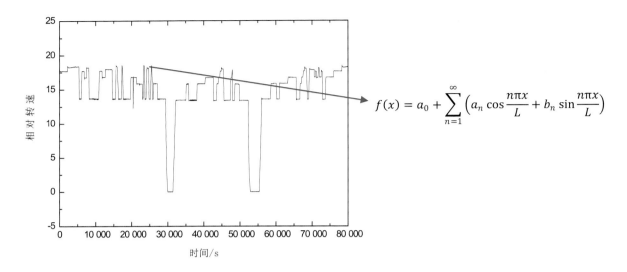

图4-8　峰值误差削弱技术示意图

4.7 智能算法其他技术

　　智能算法的设计除了上述技术外，还要考虑数据多变的影响，主要包括归一化、快速训练、小样本、非均匀数据等专业技术，如图4-9所示。

❶ 归一化技术：注意0值导致训练失效影响

❷ 快速训练技术：大数据量快速调整

❸ 小样本技术：快速提取小样本数据特征

❹ 非均匀数据技术：防止小样本数据被抹杀

❺ 硬件技术：软、硬件嵌入

……

图4-9　智能算法其他技术

附　录

附录1　GE公司的Predix数字化平台

2001年，GE公司的董事长兼首席执行官Jeffrey R. Immelt开始实施GE公司的数字化改造。他认为长期以来全球工业GDP一直维持在较低的增长率，很难通过现有常规手段使其得到更进一步的提升。根本原因在于常规手段虽然实现了对工业的自动化控制并大幅度解放了人力，但仍然存在众多无法跨越的技术鸿沟，甚至遇到天花板瓶颈，而要实现这一技术鸿沟的跨越数字化转型升级是最有希望的技术途径之一。Jeffrey R. Immelt的这一技术思想给GE公司带来了革命性的思维变革，深刻地影响了GE公司的后续发展。2012年12月，GE公司在旧金山举办了"Minds + Machines"发布会，公布了9款数字化提升系统。随后的2013年6月，GE公司为提升工业机械领域的技术水平，公布了专业系统即"Predictivity"，其具备数据预测故障的能力。短短4个月后，GE公司又公开发布了14款"Predictivity"新系统，同时推出了全新数字化平台"Predix"，如图F-1所示。

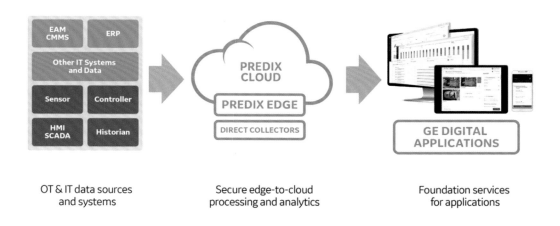

图F-1　Predix数字化平台工作流程图

Predix平台具备强大的数据集成和运用能力，初始版本包含故障预测和效率优化的数字化服务。2015年，GE公司又将发动机的诊断服务迁移至Predix平台，实现了发动机状态监控，基于数据信息的准确、敏捷捕获和挖掘，为发动机提供了异常预警服务。随后在市场对数字化产品需求激增的背景下，Predix最终被打造成为一款可利用"数字孪生"等数字化、智能化手段，提供资产绩效管理和运营绩效管理，具备工业互联功能的、开放性的数字化平台。Predix数字化平台的架构示意图如图F-2所示。

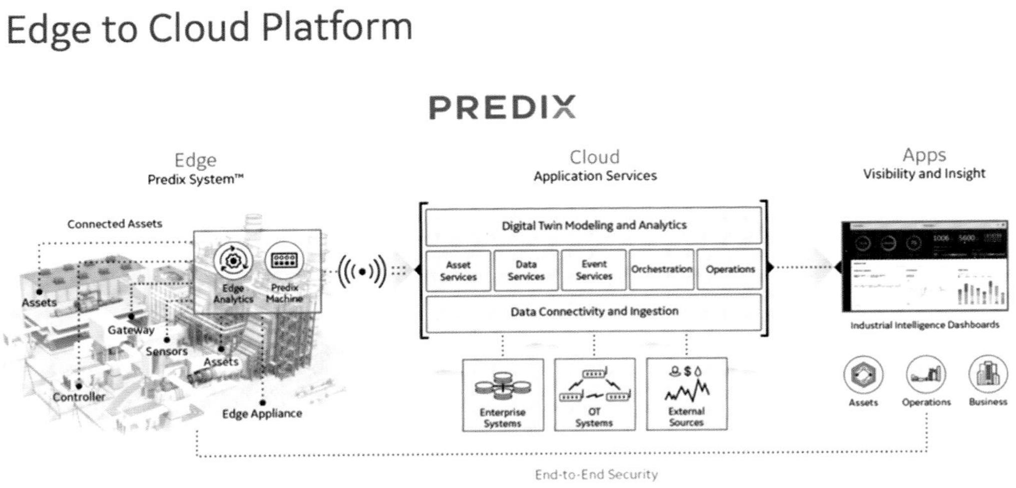

图F-2　Predix架构结构示意图[23]

Predix具有强大的数字孪生能力。以航空发动机故障预警为例，Predix平台采集发动机历史运行数据（包括状态数据、各类温度数据、粉尘数据等）。基于历史数据，Predix平台可训练并生成航空发动机数字孪生模型（即数字工程模型），基于该数字化模型，实时监控发动机运行状态和性能衰减，并与数字工程模型实现数字交互，进而实现发动机在全生命周期中的故障预警。GE公司曾在美国空军机体数字孪生项目中演示过数字孪生的强大功能。其将运维数据、载荷数据、应力数据、裂纹扩展数据以及检测手段和结果统一在同一数字架构，并挖掘数据之间复杂的耦合关系，量化其中隐含着的不确定因素，进而发掘上述数据与决策的关联，并可进一步利用检测数据的更新减少不确定性。该数字化系统曾用于某战斗机机翼的疲劳裂纹扩展分析，通过检测数据与数字化模型的融合，实现了裂纹扩展行为更为准确的诊断和预测，并优化了维护调度。

资产性能管理模块通过数字孪生、工作流程自动化和内嵌专业知识的技术手段，具备了预防性维护、预见性维护、环境健康和安全评估、企业资产管理、工厂资产管理等功能，在确保设备的可靠性和工厂实用性的同时，降低了运维成本。运营绩效管理采用绩效智能化、生产计划智能化的手段，通过历史和运营等数据源，预测产能及其成本，从而监控和诊断需要改进的领域，提供建议并推动预期结果，进而达到最大化生产力、降低运营成本、优化运营的功效。

Predix同时具备工业互联能力。GE公司的董事长兼首席执行官Jeffrey R. Immelt曾对此给出过专门阐释。Predix从物理实体上获取数据，并深入挖掘有价值的信息进行反馈，即GE公司的产品中嵌入了大量用于收集实时数据的传感器，数据输入Predix平台，通过分析输出，实现优化资产和运营效率的功效。部分人士对"工业互联网"的理解为"工业+物联网"，即工业数据具备上网功能。但GE公司认为，"工业互联网"指的是整个产业的数字化、信息化、智能化转型。进一步阐释，工业互联网是现有工业体系的结构和模式升级，是将工业系统与计算、分析、感应和交互技术相融合，共享全流程的特征数据。该数据涵盖材料、设备、人工、生产线、供应商、渠道甚至客户，进而实现数字化、网络化、自动化、智能化功能，最终达到效率提升和成本降低的目的。

同时，GE公司也有意识地扩充Predix生态系统。Predix开放后，客户可以在Predix平台上进行自主开发，定制出更符合自身需求的工业级数字化模型平台。Predix在航空领域有过经典的应用。其案例包括澳洲Qantas Airways航空公司于2017年为飞行员配备基于Predix平台开发的移动应用Flight Pulse，目的是让飞行员获取更精细的飞行数据，做出更精准的燃油使用决策。同时，我国东方航空公司也曾将500多台CFM56发动机的高压涡轮叶片保修数据、维修报告和远程诊断数据上传至Predix平台。数据处理后可提取与叶片损伤相关联的表征参数，建立叶片损伤预测数字模型，通过多台现役发动机的叶片损伤验证，该数字模型的预测准确率高达80%以上。

附录2　架构驱动数字孪生模型与机理模型的融合

以部件级数字孪生模型为例，在试验数据训练完成后，可开展数字化试验，实时监控气路部件、空气系统部件、滑油系统部件等各系统部件特性的降级水平。以监控压气机部件降级水平为例，不断改变转速，可实时输出流量、压比、进出口温度，进而得到运维不同时间段的压气机部件特性图，如图F-3所示。

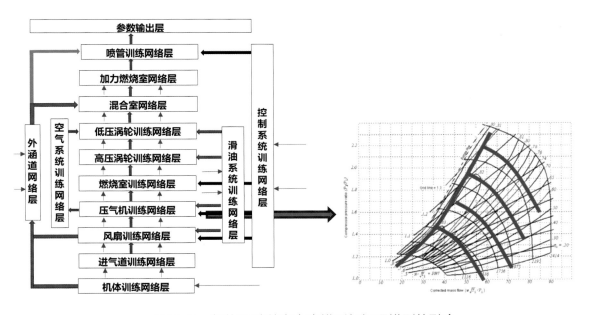

图F-3　架构驱动数字孪生模型与机理模型的融合

附录3　航空发动机数字化试车系统

数字孪生模型的一个重要的应用方向为数字化试验，图F-4为航空发动机数字化试车系统。实时输入参数为试验环境参数和试验控制任务，实时输出参数对应的是航空发动机试车各测量参数。

（a）

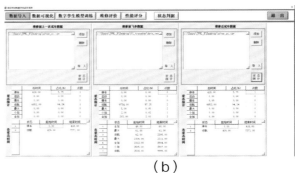

（b）

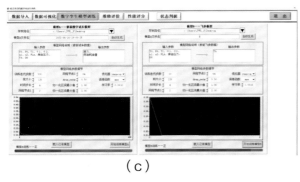

（c）

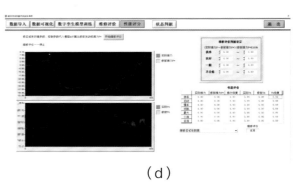

（d）

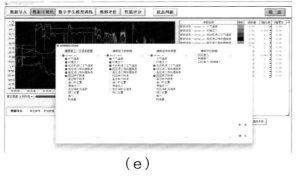

（e）

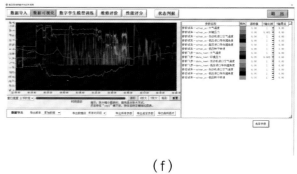

（f）

图F-4　航空发动机数字化试车系统

附录4 航空发动机外场性能评价系统（含推力）

数字化试验系统在外场应用可实时监控发动机性能降级水平，实时对发动机性能（如推力衰减、喘振裕度、滑油预警等）进行评价，如图F-5所示。

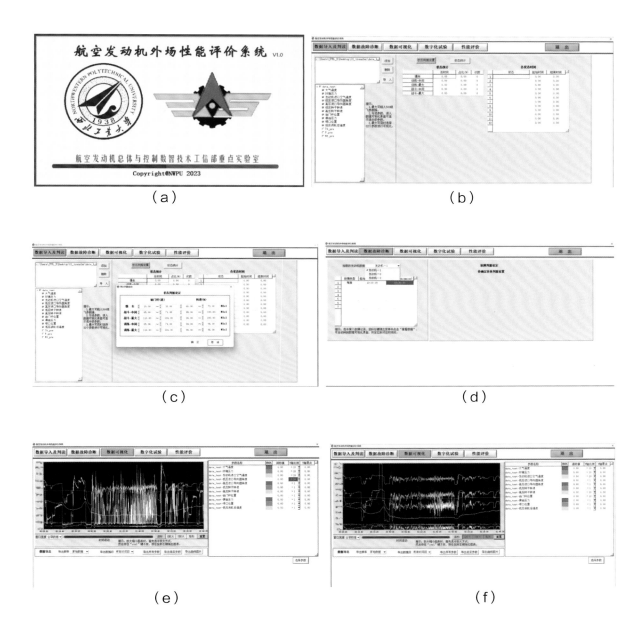

图F-5 航空发动机外场性能评价系统

参考文献

[1] MICHAEL D G. Digital engineering strategy [EB/OL]. [2022-5-8].https://man.fas.org/eprint/digeng-2018.pdf.

[2] WILLIAM P B. United States navy and marine corps digital systems engineering transformation strategy [EB/OL]. [2022-5-8].https://nps.edu/documents/112507827/0/2020+Dist+A+DON+Digital+Sys+Eng+Transform ation+Strategy+2+Jun+2020.pdf/.

[3] Rolls-Royce. Rolls-Royce launches first immersive virtual reality training for business aviation customers [EB/OL]. [2022-5-8]. https://www.rolls-royce.com/media/press-releases.aspx.

[4] ROMEO J. Artificial intelligence: the new math for engineering design? [EB/OL]. [2022-5-8]. https://www.digitalengineering247.com/article/artificial-intelligence-the-new-math-for-engineering-design/.

[5] BENEDICT E. Rolls Royce Pearl engine makes testing progress [EB/OL]. [2022-1-5]. https://www.aerospacetestinginternational.com/news/engine-testing/rolls-royce-pearl-10x-engine-will-power-latest-dassault-falcon.html.

[6] Airbus. 'Digital testbed' could replace physical testing in aircraft manufacturing [EB/OL]. [2022-1-5]. https://www.imeche.org/news/news-article/digital-testbed-could-replace-physical-testing-in-aircraft-manufacturing.

[7] Rolls-Royce. How digital twin technology can enhance aviation [EB/OL]. [2022-1-5]. https://www.rolls-royce.com/media/our-stories/discover/2019/how-digital-twin-technology-can-enhance-aviation.aspx.

[8] Rolls-Royce. Rolls-Royce launches intelligent engine [EB/OL]. [2022-1-5]. https://www.rolls-royce.com/media/press-releases/2018/05-02-2018-rr-launches-intelligentengine.aspx.

[9] Rolls-Royce. Intelligentengine. [EB/OL]. [2022-1-5]. https://www.rolls-royce.com/intelligentengine.

[10] Rolls-Royce. Pioneering the intelligentengine [EB/OL]. [2022-1-5].https://www.youtube.com/watch?v=9CcbYQ5QA70.

[11] Rolls-Royce.Intelligent engine: Richard Goodhead introduces [EB/OL]. [2022-1-5]. https://www.youtube.com/watch?v=2w0YxQAguMM.

[12] SCARUFFI P. Intelligence is not artificial [EB/OL]. [2022-1-7]. https://www.scaruffi.com/singular/download.pdf.

[13] SAXENA S. Rolls-Royce unveils the intelligent engine [EB/OL]. [2022-1-7]. https://www.aviation-defence-universe.com/rolls-royce-unveils-the-intelligent-engine/.

[14] German Aerospace Center. Clean Sky 2's technology evaluator: on target for sustainable air transport [EB/OL]. [2022-1-7]. https://www.dlr.de/content/en/articles/aeronautics/clean-sky-2-technology-evaluator.html.

[15] ESI Group. DGA aero-engine testing is developing a digital alternative to traditional test benches with ESI's SimulationX [EB/OL]. [2022-1-7]. https://www.esi-group.com/news/dga-aero-engine-testing-is-developing-a-digital-alternative-to-traditional-test-benches-with-esis-simulationx.

[16] Rolls-Royce. How digital twin technology can enhance aviation [EB/OL]. [2022-1-8]. https://www.rolls-royce.com/media/our-stories/discover/2019/how-digital-twin-technology-can-enhance-aviation.aspx.

[17] GE. What is predix machine? [EB/OL]. [2022-1-9].https://www.ge.com/digital/documentation/edge-software/c_What_is_PredixMachine.html.

[18] MOTTIER B, BUTLER R. Mad Props: This digital tech makes flying a turboprop as simple as riding a scooter [EB/OL]. [2022-1-10]. https://www.ge.com/news/taxonomy/term/5851.

[19] GUSAROV R. UEC-Salyut: a new philosophy of production [EB/OL]. [2022-1-11]. https://www.ruaviation.com/docs/3/2021/6/2/318/?h.

[20] WILBURN H, Fleet Readiness Center East. FRCE explores new technology in fight against aircraft corrosion [EB/OL]. [2022-1-14]. https://www.dvidshub.net/news/400317/frce-explores-new-technology-fight-against-aircraft-corrosion.

[21] MARK R. Rolls-Royce launches intelligentengine [EB/OL]. [2022-1-14.] https://www.flyingmag.com/rolls-royce-launches-intelligentengine/.

[22] KJELGAARD C. Artificial intelligence at heart of R-R Pearl 15 EVHMU [EB/OL]. [2022-1-15]. https://www.ainonline.com/aviation-news/business-aviation/2019-10-19/artificial-intelligence-heart-r-r-pearl-15-evhmu.

[23] GE. What is predix platform? [EB/OL]. [2022-1-15]. https://www.ge.com/digital/documentation/edge-software/c_what_is_predix_platform.html.

[24] GE. How does predix machine fit into the predix platform? [EB/OL]. [2022-1-16]. https://www.ge.com/digital/documentation/edge-software/c_How_Does_Predix_Machine_Fit_into_the_Predix_Ecosystem.html.

[25] DILLINGER T. Flex logix [EB/OL]. [2022-1-17]. https://semiwiki.com/efpga/flex-logix/7732-neural-network-efficiency-with-embedded-fpgas/.

[26] AIAA. Digital twin preference model, realizations & recommendations [EB/OL]. [2022-1-17]. https://www.aiaa.org/resources/digital-twin-implementation-white-paper/.

后记

不管我们接受与否，ChatGPT已经逐渐影响了我们的生活，同时也必将深刻影响并改变我们的生活方式。数字孪生正如同工业界的ChatGPT，当科学家们目不窥园地求解数理方程、工程师们冥思苦想地探寻技术路径、一线技术人员们浑汗如雨地寻找技术工具的时候，她也已经悄然登场。正如同20多年前马云满世界推销电商平台的境况，一个新鲜事物的出现必然会带来一系列的疑惑、疑问甚至质疑。基于此，笔者觉得有必要以个人理解写一本书以澄清工业界特别是航空发动机工业界对数字孪生这一概念的理解。尤其是在虚拟现实等逐渐越俎代庖并试图混淆数字孪生基本理念这一混乱的时刻，笔者愈发感觉出版这本书是值得去做的一件事情，并且可能还是有价值的。

出版本身已令笔者诚惶诚恐，题目之大更加使笔者胆战心惊，此类复杂的心情只有经历才能刻骨铭心。很多理念的提出必然会带来业界的波澜，但仔细想来，不正是这类波澜才是能真正推动我们进步的力量吗？观点的差错、理念的差异、角度的差别，只要提出来供人讨论，那出发点总是没问题的。

以此为后记，纪念本书的出版。

著者

2023年5月